Antoine de Saporta

Laits
et Beurres

Techniques

ISBN : 978-1543008906

10 9 8 7 6 5 4 3 2 1

Antoine de Saporta

Laits et Beurres

Techniques

Table de Matières

Introduction

Même en parlant le langage rigoureux de la science, il ne serait pas facile d'exposer nettement les caractères réels de tous les principes dont l'assemblage forme le lait. Le résumé qu'on offrirait au lecteur, pour être impartial, se réduirait à une série monotone de contradictions. Il vaut mieux laisser aux physiologistes ou chimistes des diverses sectes le soin de discuter entre eux, et, négligeant l'étude des questions douteuses, nous attacher seulement aux propriétés extérieures les plus saillantes du lait et du beurre. Certains détails relatifs à l'analyse de ces deux produits s'imposent, pour ainsi dire, d'eux-mêmes, comme préface à l'examen des fraudes, trop fréquentes, mais très peu variées, auxquelles se trouvent de nos jours exposés et soumis le beurre comme le lait. Nous ajouterons qu'en risquant même d'enlever à notre travail une partie de l'intérêt qu'il eût présenté, nous avons suivi la route banale ouverte par la chimie analytique, de préférence aux sentiers étroits et d'un accès difficile, frayés à grand'peine par la biologie.

Section I

La plupart de nos boissons ou de nos liquides alimentaires : le vin, la bière, le cidre, le vinaigre, l'huile, se laissent traverser par la lumière, et si leur transparence n'est pas irréprochable, il est facile du moins de produire ce résultat au moyen d'une simple filtration. Il n'en est pas de même du lait, opaque même sous une faible épaisseur et que le filtre ne saurait clarifier ; mais le lait présente une autre particularité.

Puisez au moyen d'une pipette de laboratoire le vin d'une bouteille reposant depuis plusieurs mois au fond de la cave ; recueillez par l'intermédiaire d'un tâte-vin plusieurs échantillons d'un même tonneau, vous aurez beau aspirer les couches inférieures, moyennes, supérieures, vous recueillerez toujours des prises semblables entre elles à d'infimes divergences près. L'essai de tous les autres fluides que nous venons d'énumérer aurait fourni le même résultat.

Au contraire, une simple fille de basse-cour apprendrait aux rares

Antoine de Saporta

personnes qui ne le savent pas que tout lait de vache abandonné au repos dans un local suffisamment frais se divise spontanément au bout de quelques heures en deux couches hétérogènes superposées d'épaisseurs très inégales. Vers le haut du vase surnage la « crème, » relativement épaisse et visqueuse ; plus bas se concentre le « lait écrémé, » aqueux et fade, dont les propriétés trop connues de la foule des consommateurs des grandes villes ne diffèrent pour ainsi dire pas du lait ordinaire coupé d'eau. La crème, d'où l'on extrait ensuite le bourre par « barattage, » diffère en somme du lait pur par sa plus grande richesse en substance grasse.

Ce sont précisément ces madères onctueuses concentrées dans la crème, qui, séparées en globules extrêmement petits et flottant à l'intérieur du lait primitif, déterminent l'opacité de ce liquide. Examinée au microscope, une goutte de lait laisse Voir ces innombrables vésicules, arrondies et luisantes comme les « yeux » du bouillon et renvoyant fortement la lumière. A peine un rayon lumineux venant du dehors a-t-il dépassé la surface liquide que des réflexions multipliées le chassent au dehors [1]. Telle est la cause de l'opacité absolue du lait ; quant à la nuance jaunâtre que tout le monde a remarquée, elle dérive de la couleur propre aux sphérules de beurre.

Suivant la majorité des auteurs, le lait formerait *émulsion*, c'est-à-dire un mélange très intime, sans être parfait, d'un liquide et d'un corps gras très divisé. Les émulsions artificielles s'emploient beaucoup en pharmacie et en confiserie. Une des plus connues et des plus usitées n'est autre que le *lait d'amandes*, expression très juste, puisque la similitude de nom correspond parfaitement à la similitude d'aspect de cette préparation avec le véritable lait.

Celui qui visite une laiterie d'une certaine importance dans le nord ou le centre de la France remarquera peut-être, dans un coin de la salle où l'on apporte le lait après la traite, un petit instrument bien simple dont l'usage ne se comprend pourtant pas à première vue. Le « crémomètre, » — tel est son nom, — consiste dans une éprouvette cylindrique divisée en parties égales. Versons le lait à essayer jusqu'au niveau du trait supérieur de la graduation, puis attendons quelques heures, jusqu'à ce que la montée de la crème soit complète [2]. Il sera aisé alors de juger de la richesse du lait par l'appréciation de l'épaisseur de la couche de crème au sommet de l'éprouvette. Nous constaterons avec le seul aide de ce modeste appareil l'existence de divers phénomènes assez intéressants et nous pourrons même les apprécier par des chiffres.

D'abord, les divers laits et les diverses traites d'une vache désignée ne sont pas toujours identiques à eux-mêmes. Un Anglais, M. Bell, après avoir examiné les produits d'un grand nombre d'étables britanniques, chacune d'elles renfermant plusieurs vaches laitières, a noté des nombres assez variables : 6 à 14 parties de crème pour 100 parties de lait ; l'écart, comme l'on voit, dépasse celui du simple au double. Il est juste de dire, cependant, que les indications du crémomètre conduisent à des présomptions plutôt qu'à des données certaines, car, souvent, la faiblesse du chiffre trouvé tient à ce que la montée de la crème s'opère mal ou dure plus longtemps. Il ne faut pas d'ailleurs oublier que le crémomètre ne peut jamais servir à l'examen des laits bouillis.

Le lait le plus crémeux, le plus gras, toutes choses égales d'ailleurs, s'obtiendra en recueillant les dernières parties de la traite du soir d'une vache bonne laitière fournissant, six ou huit mois après le vêlage, une moyenne raisonnable de liquide, la bête étant du reste soumise à de fréquentes traites. Certaines races, comme la race hollandaise, semblent très avantageuses au point de vue du rendement du lait ; mais alors celui-ci est beaucoup plus clair, l'augmentation n'est qu'apparente et se réduit à un simple bénéfice de volume. Comme on peut le croire, un agronome n'oublierait pas de signaler l'influence de la nourriture et celle de l'hygiène aux champs ou à l'étable ; mais un pareil sujet, outre qu'il est loin d'être élucidé à fond, concerne plutôt l'économie rurale que la chimie proprement dite.

En dehors même du laboratoire du savant, l'emploi du lactodensimètre est à présent fort répandu. Il y a près de cinquante ans que Bouchardat et Quévenne imaginèrent l'instrument. Qu'on se figure un aréomètre construit en verre comme tous les autres appareils de ce genre, lesté à sa base par une boule pleine de grenaille de plomb et surmonté d'une tige cylindrique, garnie à son intérieur d'une double graduation sur papier. On plonge le lactodensimètre (il est plus court de dire le pèse-lait) dans le lait dont on veut connaître la densité, et on observe le numéro de la division correspondante au niveau d'affleurement. Si cette division porte le numéro 30, par exemple, on dit que le lait pèse 30 degrés [3]. Pour le chimiste, une indication de ce genre offre un sens précis : un litre du lait en question pèse 1,030 grammes, soit 30 grammes de plus qu'un litre d'eau. On comprend facilement que le pèse-lait ne soit pas un instrument d'une précision rigoureuse ; l'on aurait tort de compter sur l'exactitude absolue de la dernière décimale. Toutefois, après une vérification minutieuse, un appareil bien contrôlé peut rendre de grands services à cause de la rapidité de ses indications.

En tous les cas, il nous a mis à même de constater, ce que n'ignore personne, que le lait est plus lourd que l'eau. Un pareil excès de densité ne tient naturellement pas à la présence des corps gras, beaucoup plus légers que l'eau, mais il résulte de l'influence des autres matières dissoutes dans le liquide ou disséminées dans ce dernier à l'état de simple suspension, comme la caséine, le sucre et divers sels. Jamais le lactodensimètre immergé dans un lait naturel et pur ne marque moins de 16, ni plus de 40 degrés (ce qui signifie que la densité du lait est comprise entre 1,016 et 1,040). L'écart est-il bien notable ? Non, sans doute, et, encore, dans la pratique, convient-il de resserrer sensiblement les valeurs extrêmes. Les liquides très lourds ou très légers ne se rencontrent que par exception ; de plus, le lait pur ou le lait raisonnablement baptisé, qu'on vend dans le commerce, résultent d'habitude du mélange d'un assez grand nombre de laits différents, et, par suite, leur pesanteur spécifique se note par des chiffres assez voisins de 1,025 ou 1,030. Du reste, nous reviendrons sur ce point lorsque nous effleurerons la question du mouillage du lait.

Puisque l'on voit la crème surnager au-dessus du lait écrémé, il n'est besoin d'aucun raisonnement pour comprendre que la densité du lait privé de crème est plus forte que celle du lait pur. Il ne faut donc pas s'imaginer que moins le lactodensimètre plonge dans un lait, meilleur est celui-ci, puisque l'on voit que l'écrémage augmente invariablement la densité [4]. Un lait pauvre en crème sera même ordinairement assez dense, surtout s'il n'est pas trop dépourvu de caséine et de sucre.

On a donné le nom trop savant de *colostrum* au lait que sécrètent les mamelles de la vache à l'époque du vêlage et quelques jours après la part ; mais le terme vulgaire, à consonance peu gracieuse, est « amouille. » Amouille ou *colostrton*, un pareil liquide est purgatif et tout à fait impropre à la consommation. Si on l'essayait au lactodensimètre, l'instrument consulté ne fournirait le plus souvent aucune indication, le bas de l'échelle graduée ne baignant même pas dans le lait. Il fauchait faire choix d'une autre méthode densimétrique et on s'apercevrait d'un excès de poids de 60 à 75 grammes par litre. Le déficit du beurre n'est pas moins appréciable.

De peur de confusion, nous n'avons jusqu'à présent entretenu le lecteur que du lait de vache, à la vérité le plus important et de beaucoup. Le lait de chèvre et ceux de brebis et d'ânesse diffèrent très peu de ce dernier au point de vue du poids absolu ; au contraire, ces trois sortes de liquides sont très inégalement gras. Le lait de brebis, sensiblement plus crémeux que celui de vache et que le lait de chèvre, à peu près équivalons entre eux en ce qui concerne le beurre, laisse bien loin derrière lui le lait d'ânesse [5]. Circonstance curieuse : malgré la quasi-identité spécifique des deux races d'animaux, la sécrétion mammaire de la jument diffère beaucoup de celui de l'ânesse et pourrait fournir, au besoin, assez de beurre. Passons sous silence les renseignements que divers ouvrages énumèrent avec complaisance sur le lait de chienne, voire sur celui de truie, et citons deux liquides exceptionnellement riches en crème, le second surtout : le lait de buffle, lequel a servi et sert encore fréquemment à la nourriture de l'homme, puis le lait d'éléphant, que le docteur Oremus a eu la curiosité d'analyser et de déguster.

Un mot sur le « lait végétal. » On trouve au Venezuela et dans la vallée de l'Amazone un arbre appelé *Brosimum galactodendron*, d'où les Indiens retirent par incision un suc crémeux susceptible d'être utilisé comme aliment. Quelques auteurs sceptiques ont émis des doutes sur la véracité de ce lait, et il faut avouer qu'une circonstance aussi singulière méritait d'être scientifiquement confirmée. Feu M. Boussingault affirmait que dans le cours de ses voyages à travers l'Amérique du Sud il avait consommé, pendant un mois, la sève de « l'arbre à la vache » mêlée avec du café ou du chocolat. Il ajoutait, du reste, que ce prétendu lait ressemblait plutôt à une crème très épaisse ; et le célèbre agronome finit par confirmer ses souvenirs de jeunesse en publiant une analyse complète d'un échantillon de lait provenant de l'arbre à la vache et qu'il se fit envoyer à Paris à l'occasion de l'Exposition de 1878. Comment

Antoine de Saporta

M. Boussingault put-il se procurer un produit authentique et surtout inaltéré, nous l'ignorons, mais il trouva que ce suc végétal était composé à peu près comme la crème du lait de vache.

Section II

Il semble, d'après une célèbre prophétie de récriture sainte, que les Hébreux connussent l'usage du beurre, sans toutefois l'apprécier beaucoup [6]. Hérodote décrit la fabrication du beurre chez les Scythes, mais il en parle comme d'une opération curieuse. Les Romains ignoraient aussi l'usage de cet aliment ou du moins ne s'en servaient guère. Il en résulte que les plats les plus raffinés qu'on ait servis sur les tables de Lucullus et d'Héliogabale, présentés à un gourmet de nos jours, lui répugneraient probablement à cause de leur préparation à l'huile. Quoi qu'il en soit, il est certain que le rôle culinaire du beurre n'a cessé de gagner en importance depuis les premiers temps du moyen âge ; cette matière grasse se prépare, se consomme et malheureusement aussi se fabrique, presque sur toute l'étendue du monde civilisé. Que représente le beurre, non plus pour un cuisinier, mais pour un chimiste ? Dans une précédente étude relative aux vins [7], nous avons parlé de la glycérine à plusieurs reprises en la définissant : une sorte d'alcool susceptible de se combiner jusqu'à trois fois avec les acides pour donner des « éthers » triples. Eh bien ! depuis les beaux travaux, vieux déjà de cinquante ou soixante ans, qui ont rendu célèbre le nom de Chevreul, on sait que tous les corps gras : huiles ou graisses, quelle que soit leur origine, sont des éthers de la glycérine ; ils résultent de l'union de ce dernier principe avec les divers acides « gras. »

Le plus connu de ces acides est l'acide stéarique, matière première de la fabrication des bougies.

C'est principalement d'une matière végétale appelée « beurre » ou « huile de palme » qu'on retire l'acide palmitique, un peu plus fusible que l'acide stéarique, et dont le rôle n'est pas moins essentiel. Les huiles, liquides à la température ordinaire, doivent leur fluidité à la présence d'un troisième corps, l'acide oléique, lequel fond à 14 degrés. Enfin il convient de ne pas oublier l'acide butyrique, dont la constitution chimique, assez simple en elle-même, est bien connue, et dont l'énergie acide est beaucoup plus puissante : à la différence des trois composés énumérés en premier lieu, l'acide butyrique est franchement liquide, assez volatil et très soluble dans l'eau.

Dérivant de la copulation intime d'un acide avec un alcool, les éthers se préparent en faisant agir les deux éléments l'un sur l'autre. En revanche, l'eau, surtout quand elle est chaude, et les alcalis, voire même les oxydes métalliques, détruisent plus ou moins facilement les éthers ; l'alcool est régénéré, et il se forme dans le premier cas un acide, dans le second cas un sel à base d'alcali ou de métal. Par exemple, l'huile de palme, traitée par l'eau surchauffée, fournit à la fois de la glycérine et de l'acide palmitique ; l'huile d'olive, attaquée par la soude, se dédouble de même en glycérine (dont la valeur commerciale est à peu près nulle) et en savon constitué en majeure partie par de l'oléate de soude. Aussi, pour abréger le langage, on généralise cette circonstance, et l'on dit qu'on « saponifie » un corps gras lorsqu'on le traite par la potasse, la soude, la chaux, l'oxyde de plomb.

Revenons au beurre, dont cette digression, un peu longue, mais nécessaire, nous a écarté. Négligeons l'eau interposée mécaniquement dans les pains de beurre à la suite de l'opération du barattage, eau que le producteur n'est pas intéressé à éliminer trop complètement : ne parlons pas non plus des restes de caséine provenant de la même origine. Négligeons enfin un assez grand nombre d'éthers se rattachant à divers acides, intéressants seulement aux yeux des théoriciens. Voici la composition du beurre : oléine (éther oléique de la glycérine)… 42,2 pour 100 ; stéarine et palmitine, 50 pour 100 ; butyrine… 7,7 pour 100. Le beurre pur renferme donc la moitié de son poids de butyrine et d'oléine, principes liquides.

A raison de la grande consommation qu'on en fait, le beurre du commerce, surtout celui qu'on débite dans les grandes villes, est fréquemment adultéré. Un habile dégustateur constatera sans la moindre manipulation quelques-unes de ces fraudes ; par exemple, il aura toujours soin de goûter des fragments extraits de l'intérieur même du pain de beurre, pour s'assurer que ce dernier n'aura pas été « fourré, » opération qui consiste à entourer un noyau de beurre rance par une enveloppe de beurre frais de première qualité ; il n'est pas besoin d'être un fin gourmet pour découvrir la falsification grossière destinée à masquer la rancidité du beurre et consis-

Antoine de Saporta

tant à le baratter avec de l'huile, ni pour s'apercevoir de la présence du fromage blanc, de l'axonge ou de la graisse d'oie.

Chacun se moque du préjugé d'après lequel un beurre est censé d'autant meilleur que sa nuance est plus jaune, ce qui n'empêche pas ces mêmes personnes de se décider, le cas échéant, en faveur de l'échantillon le plus coloré. Tout le monde connaît aussi l'usage du jus de carottes pour teindre le beurre, et nul ne sera rigoriste au point de condamner cette innocente pratique. Si cependant on voulait s'assurer qu'un beurre trop jaune doit sa belle couleur à la carotte, il suffirait de laver l'échantillon suspect avec un peu d'alcool faible ; ce réactif, sans avoir aucune action sur le beurre, entraînera la substance tinctoriale, et dès lors, le résidu évaporé Verdira par les alcalis. A la suite d'un semblable traitement, on reconnaîtra le safran au précipité orange qu'il forme avec le sous-acétate de plomb ; le *rocou* (teinture jaune extraite des capsules d'un arbre des tropiques appartenant à la famille des Liliacées), le rocou entraîné par l'alcool bleuit par l'acide sulfurique, et, enfin le *curcuma*, qu'on retire de la racine d'une sorte de balisier, brunit par les alcalis. Mais encore une fois, l'usage du curcuma ou du safran, l'emploi de la carotte ou du rocou (cette dernière drogue est fréquemment utilisée) n'offre aucun inconvénient pour la santé et n'est pas répréhensible. Seules, les couleurs tirées de la houille, comme l'éosine, sont formellement interdites.

Les globules butyreux de la crème, en s'agglomérant, absorbent toujours un peu d'eau mécaniquement entraînée ; la motte, une fois qu'elle a été formée, est rincée à grande eau à diverses reprises ; enfin, bien des fois, on a aussi recours à l'eau pour préserver le beurre du contact de l'air. Dans de semblables conditions, il serait bien surprenant que le corps gras destiné à notre alimentation ne fût pas accompagné d'une bonne dose d'humidité. Au reste, rien de plus aisé que de constater scientifiquement le lait ; il suffit de peser un fragment de beurre et de le soumettre, dans l'étuve à eau bouillante, à une température de 90 à 100 degrés. On s'apercevra au bout de quelques heures que le beurre a perdu 10 ou même 15 pour 100 de son poids : un semblable déchet ne peut être attribué au beurre lui-même, dont les caractères intimes ne se sont pas modifiées : il résulte de l'eau chassée par évaporation.

Il n'est même pas besoin, à la rigueur, de faire subir au corps gras l'influence de l'étuve. Prenez un flacon ordinaire à goulot suffisamment large, dans lequel vous ferez tomber une tranche de beurre, pesée d'avance ; achevez de remplir avec du bon éther de pétrole, bouchez et agitez. La matière grasse se liquéfie peu à peu et se mêle au pétrole, tandis qu'au-dessous de celui-ci on voit se rassembler une petite couche d'eau dont le volume et par suite le poids peuvent être jugés à vue d'œil, et sont même susceptibles d'être estimés avec précision, grâce à l'emploi d'une éprouvette graduée ou bien d'un entonnoir à robinet. Il est donc facile, en l'absence de tout matériel chimique, de se faire une idée de l'humidité contenue dans le beurre.

Il est manifeste qu'au-delà d'une limite raisonnable de 15 ou 20 centièmes, la présence d'un excès d'eau constitue une tromperie véritable, d'autant plus qu'il s'agit d'un aliment dont le prix est relativement élevé, et que le laboratoire municipal de Paris a découvert jusqu'à 35 pour 100 (plus du tiers !) d'eau claire dans certains échantillons de beurre, destinés aux amateurs de la grande ville. La moyenne du « mouillage » ne s'écarte guère de 42 ou 13 1/2 pour 100, et le minimum descend jusqu'au taux infime de 5 pour 100.

Cependant la mince couche d'eau que nous apercevons au-dessous de l'éther de pétrole, dans notre expérience de tout à l'heure, mérite souvent un examen plus attentif. Surtout avec un beurre de médiocre qualité, il est rare que cette eau soit insipide et insensible aux réactifs. Presque toujours son goût trahira la présence du sel de cuisine ; mais la présence de cet agent conservateur est parfaitement tolérée. Si le producteur ou l'intermédiaire sale trop copieusement, le consommateur ne peut manquer de s'en apercevoir et dès lors paiera le beurre moins cher. Le bicarbonate de soude, le borax, l'acide salicylique, beaucoup plus puissants comme antiseptiques, sont doués d'une saveur moins prononcée que le chlorure de sodium, et par cela même sont beaucoup plus dangereux. Mais, en revanche, rien de plus facile que de retrouver ces drogues une fois entraînées dans le résidu aqueux. D'autres fois, le fraudeur mélange à la pâte de l'alun, du verre soluble (silicate de potasse), corps très avides d'eau et par cela même propres à accroître le poids de la motte, ou bien il incorpore au beurre de la craie, du plâtre, de l'argile. L'alun, la plus malfaisante de toutes ces matières, possède un goût assez accentué ; les autres sels sont insipides. Tous se re-

Antoine de Saporta

trouvent soit à l'état de dissolution dans l'eau extraite du beurre, soit mêlés à cette eau, et s'offrent d'eux-mêmes à l'épreuve des réactifs de l'opérateur.

A la vérité, s'il faut en croire les rapports de M. Girard, les falsifications de ce genre ne sont pas très communes, non plus que celles qui consistent à mêler au beurre pur de l'amidon, de la farine, de la pulpe de pommes de terre, du fromage blanc. Le chimiste s'apercevra sans peine de la tromperie en agitant avec de l'éther sulfurique le beurre desséché à 100 degrés. Farine, amidon, fécule, fromage blanc refuseront de se dissoudre et se rassembleront en dépôt au fond du vase. Mais l'expert aura besoin de mettre en jeu toute son habileté, si le beurre est « artificiel » en tout ou en partie, c'est-à-dire s'il a été fabriqué sans l'aide du lait de vache ou s'il comporte l'addition d'oléomargarine. Par malheur, cette variété de fraude est à la fois la plus commune, la plus dangereuse et la plus profitable au sophistiqueur.

Il y a trente années, alors que la chimie des corps gras était moins avancée qu'elle ne l'est aujourd'hui, on ne savait pas distinguer bien nettement les trois éléments qui dominent dans toutes les matières grasses ; on croyait celles-ci essentiellement formées d'oléine, principe liquide, et de margarine, principe solide ; plus tard seulement il a été reconnu que la margarine elle-même se composait de stéarine et de palmitine. Simple ou non, la margarine forme la base des graisses animales, plus consistantes que les beurres, et surtout que les huiles. Cette circonstance suffit à expliquer le terme de beurre de margarine, qu'un chimiste, M. Mège-Mouriès, appliqua à un produit artificiel retiré de la graisse de bœuf ou du suif de mouton, et destiné à suppléer le beurre de vache. Comme, par le lait, une semblable substance contient aussi de l'oléine, on dit quelquefois plus correctement « bourre d'oléomargarine. »

L'inventeur du beurre artificiel ne s'était nullement proposé de fabriquer industriellement un produit destiné à remplacer le beurre véritable, pour toutes les préparations culinaires. Agissant avec des intentions philanthropiques et désintéressées, il voulait seulement faciliter l'alimentation des pauvres gens en leur livrant à bas prix une graisse purifiée propre à la cuisson des aliments et d'ailleurs inoffensive, grâce aux soins avec lesquels la margarine était préparée. Ces considérations parurent si probantes qu'en 1872 le conseil d'hygiène et de salubrité de la Seine autorisa la vente de la margarine, sous son véritable nom, à la suite d'un rapport favorable de M. Boudet, un savant d'une compétence indiscutable, et dont le nom fait autorité pour tout ce qui concerne la chimie des substances grasses.

Malheureusement, en prononçant cette décision, le conseil d'hygiène s'était engagé dans une fausse voie. Il supposait d'abord gratuitement que tous les industriels préparant de la margarine opéreraient toujours conformément aux règles les plus strictes de l'hygiène, ensuite que le produit serait toujours loyalement vendu sous son vrai nom. C'était bien mal connaître la niaiserie du public et la mauvaise foi des falsificateurs. Comme nous l'avons répété plusieurs fois au sujet des vins, les consommateurs ne se soucient guère d'un produit de qualité inférieure lorsqu'il est offert pour ce qu'il est réellement ; en revanche, ils achèteront volontiers ce même ingrédient décoré d'un nom qu'il ne mérite point. Les marchands de comestibles qui débiteront de l'oléomargarine sous l'étiquette de « beurre de vache » ou de « beurre » tout court ne manqueront jamais de clients, surtout s'ils se contentent d'un bénéfice raisonnable, et vendent à bon marché.

Il est certain que, préparés à l'oléomargarine, les plats sont indigestes, malgré l'avis du conseil d'hygiène. Peut-être l'inconvénient serait-il un peu atténué s'il s'agissait, au lieu de pommes de terre frites, d'autres apprêts ou ragoûts, de légumes verts sautés, et encore à la condition que ces aliments soient destinés à nourrir de vigoureux adultes. En tous les cas, une semblable cuisine, le plus souvent dangereuse pour les enfants, est de nature à incommoder gravement tous les consommateurs jeunes ou vieux lorsque l'animal qui a fourni la graisse n'est pas irréprochablement sain [8]. La trichine, le tænia, persistent à l'intérieur du soi-disant beurre et conservent toute leur nocivité : l'inconvénient n'est même pas rare dans le cas des graisses d'origine allemande. Mais s'il est une région où l'oléomargarine triomphe sans conteste, au détriment du véritable bourre, ce pays est l'Amérique du Nord ; là justement où, préparée sur une plus vaste échelle qu'ailleurs et sans précautions suffisantes, la drogue ost le plus pernicieuse. Suivant M. Gautier, son usage aurait provoqué à Chicago de véritables épidémies, et certes le beurre artificiel n'est pas le remède propre à guérir la lé-

Antoine de Saporta

gendaire dyspepsie dont souffrent, dit-on, les estomacs yankees, torturés par l'abominable cuisine du Nouveau-Monde.

Comment s'y prennent les chimistes quand il s'agit de reconnaître la véritable nature d'un beurre falsifié ? Et d'abord ne suffit-il pas d'une simple dégustation attentive pour faire rejeter un beurre qui n'a rien de commun avec le lait ? Les organes du goût donnent lieu à bien des erreurs en pareille circonstance, et M. Gautier en a cité des exemples fort curieux : à l'exposition de laiterie de Hambourg (1877), les experts trouvent l'oléomargarine aussi bonne que le meilleur beurre de vache ; dans un concours analogue, à New-York, les commissaires se déclarent inhabiles à juger de la différence. Dira-t-on que la compétence des Allemands et des Américains, en tant que gourmets, est un peu sujette à caution ? Nous répliquerons par une anecdote plus bizarre encore : on a vu, dans le Royaume-Uni, les arbitres d'une exposition primer un beurre de margarine et le ranger au-dessus des produits fournis par les vaches anglaises [9].

Mais, si le sens du goût entraîne l'expert à des illusions, jusqu'à lui faire commettre de véritables bévues, que dire de la vision, même secondée par un microscope ? Elle ne saurait conduire à des résultats certains, sinon dans le cas le plus simple, celui où l'on examinerait une graisse incomplètement débarrassée de traces de sang ou de résidus de membranes. Il faut donc se résigner à procéder aux méthodes recommandées par la physique ou la chimie, méthodes malheureusement trop nombreuses pour être irréprochables isolément, méthodes enfin difficiles à pratiquer en dehors d'un laboratoire bien installé. Il est certain que l'exposé qui va suivre donnera au lecteur une haute idée de la fécondité d'imagination des chimistes.

Ainsi on a recommandé l'emploi d'une lampe spéciale, alimentée par le beurre suspect : lorsque la mèche est bien allumée, le praticien souffle sur la flamme, l'éteint et hume consciencieusement la fumée qui se dégage. S'il perçoit alors bien nettement l'odeur caractéristique de la chandelle ou de la côtelette grillée, il peut être certain que le beurre est fraudé.

Nous avons vu que le beurre sec et pur contenait 7 pour 100 de butyrine, et qu'au contraire cette même matière ne figurait pas dans le beurre artificiel. Prenons du beurre de bonne qualité, purgé de caséine et exempt de corps étrangers : ajoutons un peu d'acide sulfurique et d'alcool ordinaire ; le résultat de ce traitement sera de faire réunir l'acide butyrique à l'alcool avec production d'éther butyrique, facilement reconnaissable à l'excellente odeur d'ananas qu'il exhale. Traité de même, le beurre de margarine émettra tout d'abord un parfum de fruits assez agréable, quoique nettement distinct de la senteur précédente, mais bientôt l'opérateur percevra un relent de vieux suif. Ce procédé a du moins sur le précédent l'avantage de soumettre l'odorat du chimiste à de moins rudes épreuves.

On a espéré pouvoir tirer parti de l'appréciation exacte de la température de fusion du corps gras suspect, car les beurres naturels, riches en oléine, fondent plus aisément que les beurres de margarine ; de plus, les premiers se résolvent d'habitude en une liqueur limpide, et les seconds fournissent une huile trouble. Par malheur, une pareille méthode laisse à désirer à cause de l'état pâteux qui précède toujours la fluidité parfaite lorsqu'on réchauffe le beurre.

D'autres savants ont prétendu pouvoir arriver à des conclusions suffisamment nettes, en mesurant bien exactement la densité du corps gras ; et encore tous sont loin d'être d'accord au sujet de la température fixe à adopter pour les observations : l'un choisit 100 degrés ; l'autre opère immédiatement au-dessus du point de liquéfaction ; un troisième ne chauffe pas son beurre et règle ses mesures sur la température de 15 degrés.

Enfin, l'on a remarqué que les graisses factices réfractent mieux la lumière que le vrai beurre de lait ; l'expert soumet alors le beurre à examiner à une pression mécanique, et en retire un liquide huileux dont il estime aussi exactement que possible le pouvoir réfringent. Malheureusement, la mesure de ce que les physiciens nomment « l'indice de réfraction » exige des appareils coûteux et beaucoup d'habileté pratique.

Venons-en aux méthodes chimiques qui du moins ne réclament de la part de l'opérateur qu'un peu de propreté et d'adresse manuelle. Toutes se fondent sur les principes suivants : le véritable beurre contient forcément une certaine proportion d'acide butyrique sous forme de butyrine, en plus des acides oléique, palmitique, stéarique, lesquels sont associés dans le beurre à l'acide

Antoine de Saporta

butyrique et figurent seuls dans les graisses animales. Or l'acide butyrique, liquide a la température ordinaire, se mêle très bien à l'eau pure, et peut être distillé sans altération à la température de 160 degrés. Inversement l'acide stéarique, l'acide palmitique, l'acide oléique, insolubles tous les trois, ne se volatilisent pas, ou du moins ne s'évaporent que sous l'influence d'une chaleur assez forte. De plus, les chimistes ont observé que, pour neutraliser un poids donné de potasse ou de soude, il fallait employer des doses presque égales entre elles des trois derniers acides ; mais que, pour arriver au même résultat, il suffisait d'une quantité *trois fois moindre* d'acide butyrique, dont la capacité de saturation est beaucoup plus accentuée [10].

Nous nous dispenserons d'étudier tout au long les divers modes d'expérience en usage dans les divers pays, car on n'opère pas II Amsterdam comme à Berlin, ni en Suisse comme dans le Royaume-Uni. Il est à noter que les inventeurs de ces nombreux procédés sont presque tous Allemands. Du moins, les noms de Reichert, Meissl, Köttstorfer, Hehner, Angell, et bien d'autres encore que nous pourrions citer, parlent assez d'eux-mêmes et proclament bien haut que les savants tudesques ont de rudes combats à soutenir contre les fraudeurs et ont besoin d'en appeler à toutes les ressources de la science moderne pour faire triompher la cause de l'honnêteté commerciale.

Leur tâche n'en est pas moins fort délicate. La moindre négligence dans le courant d'une opération, la moindre erreur analytique peut souvent conduire à des résultats de pure fantaisie. Ainsi, un gramme de bon beurre, privé d'eau, exige, pour se saponifier, 227 milligrammes de potasse à l'alcool ; prenons semblable poids de graisse, et nous produirons le même effet avec 196 milligrammes du même réactif. La différence est donc assez minime.

De toutes ces diverses méthodes, la plus sensible paraît être celle de MM. Reichert et Meissl. Un poids constant de beurre, préalablement saponifié par la potasse, est ensuite traité par l'acide sulfurique. Ce puissant réactif décompose facilement les sels formés, stéarates, oléates, butyrates, etc., s'empare de la base et met les acides en liberté. Chauffons légèrement le mélange : l'acide butyrique distillera, mêlé de beaucoup d'eau et d'un peu d'acide oléique. On arrête l'opération dès que l'on a recueilli dans le réfrigérant un

Section II

volume fixé d'avance ; de cette façon, peu importe que l'on commette une erreur, du moment qu'elle est toujours identique pour toutes les opérations de même ordre. Il ne reste plus qu'à filtrer le « distillât, » afin d'éliminer l'acide oléique, et à verser goutte à goutte dans le liquide clair une solution titrée de soude, jusqu'à complète neutralisation. Comme, grâce à la marche de l'opération, l'acide butyrique figure seul dans le résidu ainsi traité, le moment où la saturation est atteinte indique à l'opérateur la qualité bonne ou mauvaise du beurre essayé. Si la neutralisation est immédiate, cela prouve que nulle trace d'acide butyrique n'a été dégagée et que le beurre est factice ; si elle tarde un peu à s'effectuer, on a affaire à un corps gras sophistiqué. Néanmoins, le secret de l'énigme peut très bien échapper au chimiste, si le fraudeur trop intelligent a réussi à combiner un peu de margarine à une plus forte quantité de beurre de vache authentique.

Comme conclusion, rappelons qu'en 1888 le laboratoire municipal s'est attaqué à 175 beurres ; 42 étaient additionnés de graisses étrangères et un seul était trop aqueux !

Section III

Dans le cours de son excellent ouvrage sur le lait, M. Duclaux énumère la liste des microbes que ce liquide peut nourrir ; tous ces êtres microscopiques se développent avec une prodigieuse facilité et, par ce lait même, l'altération spontanée et si rapide du lait s'explique facilement. Grâce à des précautions minutieuses auxquelles il faut se conformer à la lettre, il est possible d'obtenir du lait exempt d'animalcules et encore doit-on le conserver dans des tubes scellés à la lampe. L'étude des êtres qui, au bout de peu de temps, fourmillent dans le sein des liquides organiques altérés, offre sans doute beaucoup d'intérêt ; mais, à proprement parler, elle ne concerne plus le chimiste et appartient au domaine de la branche toute nouvelle de la biologie qu'on nomme « microbiologie » ou « bactériologie. » D'ailleurs, d'après le simple aperçu que nous allons exposer, le lecteur pourra se convaincre sans peine que l'examen purement chimique du lait présente encore un assez vaste sujet.

Antoine de Saporta

On peut arriver, sans grandes difficultés expérimentales, à se faire une idée fort exacte de la proportion d'eau et de corps solides que renferme un lait quelconque ; il suffit d'en peser un poids connu ou d'en mesurer avec précision un volume convenable et de dessécher le vase contenant l'échantillon dans une étuve à air chaud réglée de façon à ce que sa température n'atteigne pas tout à fait 100 degrés et, comme lorsqu'il s'agit de calculer l'extrait d'un vin, il faut opérer avec une capsule à fond plat [11]. Mais avec le lait, la détermination est bien plus facile et les résultats se trouvent aussi beaucoup plus forts. Un lait ordinaire de vache abandonne plus du huitième de son poids de matières solides ; 120 à 130 grammes par litre, terme moyen. Le dépôt serait beaucoup plus lourd (un bon quart en sus) si l'on traitait le lait de brebis, plus lourd encore avec le lait de buffle. L'extrait de lait de jument est aussi considérable, mais, en revanche, le lait de femme et celui d'ânesse se trouvent infiniment plus aqueux et, sous ce rapport, sont inférieurs au lait de chèvre lui-même.

Il est assez curieux de noter que la quantité de cendres abandonnées par l'extrait, après calcination de celui-ci, est loin de présenter un rapport constant avec le poids résiduel. Si un litre de lait de vache fournit en moyenne 3/4 de gramme de cendres, un litre de lait de buffle ou de brebis laissera un résidu beaucoup plus lourd. Il s'agit de laits riches en extrait sec ; mais, au contraire, le lait de jument, presque aussi bien partagé en matières solides, se réduira à fort peu de chose, après calcination, tout comme le lait si aqueux de l'ânesse.

Il ne faut pas s'imaginer que les divers laits ne se distinguent que par leur concentration, par la quantité d'eau que les lois physiologiques leur ont assignée. Autrement dit, si cette affirmation était vraie, il suffirait, par exemple, d'ajouter une petite quantité d'eau pure au lait de vache pour reproduire du lait de chèvre, ou d'étendre beaucoup celui de brebis pour obtenir un liquide presque identique avec le lait d'ânesse. A l'aide des seules notions expérimentales que nous avons acquises jusqu'à présent, nous ne pouvons répondre scientifiquement à cette question ; nous sommes même d'autant plus embarrassé pour la résoudre qu'il est positif que l'extrait sec des différents laits augmente ou diminue en même temps que la richesse en crème ou en beurre. L'extrait du lait de brebis, fluide très crémeux, l'emporte sur celui du lait de chèvre, bien moins gras, et surpasse de beaucoup le résidu provenant d'un lait pauvre en beurre, comme celui de l'ânesse. Néanmoins, le sens du goût, l'expérience journalière, démontrent clairement que cette règle si simple n'est pas exacte. Nous voilà donc forcé d'étudier les diverses substances dont l'ensemble forme l'extrait sec.

Parlons d'abord de la *caséine*, qu'on nomme aussi caséum, du mot latin *caseus*, fromage. Tout le monde a vu le lait, passablement fluide dans son état normal, se « cailler » sous l'influence de la « présure » retirée de l'estomac des ruminants, ou sous l'action du suc de certaines plantes comme l'artichaut, par exemple ; mais il sera plus intéressant de faire usage d'un réactif minéral comme un des acides chlorhydrique, sulfurique, nitrique, ou même d'avoir recours à l'acide acétique étendu. D'autres agents produisent le même *coagulum*, par exemple, l'alcool ordinaire, le sel marin, le sulfate de magnésie. Enfin, chacun a vu le lait, chauffé jusqu'à la température d'ébullition, se recouvrir progressivement d'une sorte de toile ou de mince pellicule, sans pour cela se solidifier entièrement. D'autre part, dans la fabrication des laits dits concentrés, le liquide est desséché à 70 degrés, mais l'extrait obtenu peut être derechef mélangé à l'eau lorsqu'on veut utiliser la conserve, et reproduit à peu près le lait primitif.

Peut-on restituer sa fluidité première au lait caillé par les acides ? Il suffit de neutraliser l'action de l'acide par quelques gouttes de potasse, de soude, en un mot d'une substance alcaline, pour que le précipité formé ne tarde pas à disparaître. Ajoutés au lait pur, ces mêmes alcalis rendent le liquide plus coulant, moins visqueux.

L'ensemble des phénomènes que nous venons d'énumérer peut s'expliquer en admettant que le lait renferme une substance analogue au blanc d'œuf de poule ou albumine. La véritable albumine de l'œuf est soluble dans l'eau ; l'alcool et l'éther la précipitent de sa solution, la coagulent ; les acides minéraux agissent de même et plusieurs sels, le chlorure de sodium, par exemple, produisent le même effet. Néanmoins, si voisine qu'elle soit de l'albumine véritable, la matière contenue dans le lait en diffère sous quelques rapports. Il suffit d'avoir ouvert un œuf à la coque pour s'apercevoir qu'une température inférieure à celle de l'eau bouillante solidifie le blanc d'œuf et le rend rigoureusement insoluble dans l'eau. Au

Antoine de Saporta

contraire, le lait ne se coagule point si on ne chauffe que modérément. D'autre part, l'acide acétique, ou si l'on veut, le vinaigre,
ajouté au lait, le caille à merveille ; le même réactif ne trouble point
les liquides à base d'albumine. — Conclusion : le lait renferme un
principe très voisin de l'extrait de blanc d'œuf, mais cependant bien
distinct de ce dernier, et c'est à ce principe que s'applique le terme
de caséine. L'une et l'autre matière, riches en carbone, riches en
azote [12], sont éminemment propres à l'alimentation de l'homme
et, de cette façon, la science rend compte du pouvoir nutritif du
lait qui entretient l'ensemble de l'organisme d'un mammifère, fournissant à la chair l'azote de sa caséine, à la charpente osseuse de
l'acide phosphorique, vivifiant le sang par son chlorure de sodium,
et agissant enfin sur la respiration par l'intermédiaire du beurre et
du sucre de lait.

On a entassé arguments sur arguments et déversé de vrais tor-
rents d'encre, soit pour prouver que la caséine du lait n'est pas
contenue dans ce liquide à l'état de dissolution, soit pour démon-
trer le contraire, sans parler des chimistes qui tiennent pour l'opinion moyenne et partagent le différend en posant en principe
qu'une partie seulement de la caséine se trouve à l'état de parfaite
dissolution. On n'a pas moins disserté pour établir, preuves en
main, que la caséine, loin d'être simple, résulte du mélange intime
de plusieurs matières bien distinctes. Gardons-nous d'abord l'exposition de ces interminables controverses dont quelques-unes re-
montent seulement au siècle dernier, sans être tranchées pour cela.
N'oublions pas de noter que, suivant une opinion communément
reçue, la caséine, ou la partie soluble de la caséine, n'est dissoute
dans le lait qu'à la faveur de la très petite dose d'alcali que contient
ce liquide, et qu'on retrouve dans les cendres après dessiccation et
calcination au rouge sombre [13]

Mais puisque la caséine ne se coagule pas sous l'influence d'une
chaleur modérée, quelle peut être la nature de la pellicule ou toile
qu'on voit se former à la surface de lait bouilli ? Il faut croire que
cette membrane, est formée d'une sorte d'albumine, coagulable
par la chaleur, et accompagnant la caséine. Un des procédés les
plus habituels de l'analyse du lait consiste à le traiter par l'acide
acétique. Le « coagulum » formé, soumis à la filtration, est ensuite
attaqué, comme nous le verrons plus tard ; mais les gouttes qui ont

suinté à travers le papier du filtre ont beau être parfaitement lim-
pides, elles se troublent par l'ébullition, ce qui dénote la présence
de l'albumine. Le liquide trouble doit être clarifié de nouveau et,
pour plus de simplicité, les chimistes recueillent cette albumine
sur le premier filtre encore rempli de caséine. Dans le cours de
l'analyse, ils lavent, dessèchent et pèsent ensemble les deux corps
azotés sans les distinguer l'un de l'autre.

Si nous rinçons à diverses reprises, avec de l'éther, le magma ac-
cumulé sur le filtre, nous arriverons à dissoudre et à entraîner le
beurre mélangé à la caséine ainsi qu'à l'albumine. Celles-ci finiront
par rester seules, et, desséchées avec précaution, pourront être pe-
sées. On apprendra de la sorte que dans un litre de lait de vache il
se rencontre en moyenne 36 grammes de caséine [14] ; qu'une vache
suisse, bien que provenant d'un pays où l'on fait des fromages
renommés, en fournit ordinairement bien moins, et qu'une vache
bretonne en donne beaucoup plus. Le lait des vaches hollandaises,
que nous savons être bien médiocrement fourni en beurre, se
trouve également inférieur en ce qui concerne la caséine ; mais la
mauvaise qualité du lait est alors compensée par son abondance.
Deux bêtes, l'une bretonne, l'autre hollandaise, donneront en défi-
nitive à l'éleveur des poids équivalons de beurre ou de caséine, les
deux principes utilisables du lait ; seulement la nature aura diffusé
ces quantités presque égales, soit dans 8 litres, soit dans 12 litres
d'eau. Le résultat se trouvera au fond le même, et il ne saurait y
avoir profit ni perte. C'est l'éternel principe de compensation qui
gouverne tout le monde matériel.

Dans la pratique commerciale, notre conclusion devient fausse.
Il est clair que le nourrisseur a beaucoup plus d'avantage à augmenter la production en litres de son étable qu'à recueillir un petit
volume d'excellent lait ; le baptême devient inutile du moment que
la nature elle-même pratique l'addition d'eau.

Puisque le *colostrum* paraît avant tout destiné à l'accroissement
de la chair du veau nouvellement né, on peut s'attendre à ce que
le lait sécrété au moment du part soit extraordinairement riche en
caséine et en albumine (plus de 18 pour 100 de ces deux éléments,
terme moyen). Aussi voit-on le *colostrum* se coaguler simplement
par l'ébullition. Ceci nous conduit à examiner, à ce même point de
vue, les diverses sortes de lait. Comme toujours, le liquide sécrété

Antoine de Saporta

par les mamelles de la vache occupe un rang moyen à côté du lait de chèvre et non loin du lait de femme. Le lait de brebis, celui de buffle, se trouvent à la première place ; celui de l'ânesse ne fournit presque pas de caséine (17 gr. par litre seulement).

Nous connaissons déjà deux des matières qui composent l'extrait ; il nous en reste à examiner une troisième, très facile 4 isoler du reste. Coagulons du lait par un acide ; filtrons et lavons le magma obtenu ; faisons bouillir le liquide clair, mélangé aux eaux de lavage, afin de solidifier l'albumine, filtrons de nouveau et concentrons par l'ébullition. Si nous avons opéré avec une dose raisonnable de lait, nous verrons à la fin de notre opération se former de petits cristaux incolores très analogues, sous bien des rapports, et en particulier au point de vue de la saveur, à du sucre ordinaire cristallisé. C'est en effet le « sucre de lait » ou « lactose, » incorporé dans le liquide à l'état de solution parfaite ; il communique au lait cette saveur doucereuse qui le caractérise.

La proportion de lactose des différents laits n'est point constante ; elle est au contraire sujette à varier, comme celles de la caséine et du beurre, mais elle n'oscille qu'entre des limites assez resserrées autour de la moyenne de 5 pour 100 caractéristique de la vache. Les traites du matin, du soir, les premières ou les dernières portions de ces traites, ne diffèrent pas beaucoup entre elles au point de vue du sucre. Ce dernier lait, du reste, est peu surprenant : puisque le sucre est dissous, il peut sans obstacle se diffuser à l'intérieur des glandes mammaires, et l'inégalité des diverses sécrétions, s'il y en avait une, serait bien vite corrigée. Il y a mieux : les mêmes chiffres, à peine diminués ou accrus, conviennent aux laits de la femme, de la chèvre, de la brebis.

Quiconque a usé du lait d'ânesse n'a pu s'empêcher de remarquer la saveur sucrée de ce lait. Le sens du goût, en pareil cas, n'est pas trompeur ; le chimiste, d'accord avec le consommateur, constate positivement un petit excès de lactose. Au demeurant, la différence n'est pas extraordinaire, mais elle devient frappante si l'on étend les recherches jusqu'au lait de jument, dont la teneur en sucre, 8 ou 9 pour 100, est exceptionnelle. Aussi, les Tartares utilisent le lait de leurs nombreuses juments pour la fabrication d'une liqueur fermentée assez agréable, le koumys. Mais le seul énoncé de ce lait comporte quelques indications tout à fait indispensables.

Section III

Nous savons que le lait pendant les chaleurs est sujet à « tourner, » c'est-à-dire à se coaguler tout en devenant aigre. Une véritable fermentation s'est produite : le principe sucré du lait, la lactose, s'est transformé, non pas en alcool, comme lait la glucose du jus de raisin, mais en acide lactique, liquide acre, miscible à l'eau, dont la saveur rappelle un peu celle du vinaigre ordinaire. Ce corps, comme tous les acides, provoque la solidification de la caséine. Rien n'est plus facile, au reste, que d'empêcher le lait de tourner : il suffit d'y mêler une très faible quantité de bicarbonate de soude (sel de Vichy), matière parfaitement inoffensive à faible dose. Au fur et à mesure que les premières traces d'acide lactique prennent naissance, le gaz carbonique est déplacé par le nouveau réactif, beaucoup plus puissant que lui. Il se forme du lactate de soude, et le gaz dégagé s'échappe librement. Ce n'est pas précisément frauder que d'ajouter du bicarbonate de soude ; seulement un excès par trop grand de sel de vichy a quelques inconvénients que nous signalerons plus loin.

Ce n'est pas à dire que le sucre de lait, surtout en présence de peu de caséine, comme dans le lait de jument, ne puisse se changer aussi en alcool. Les Tartares se contentent d'enfermer le lait dans des outres en cuir de cheval qu'ils agitent de temps à autre et débouchent ensuite à diverses reprises pour les refermer immédiatement après. Dans ces conditions, le lait ne tarde pas à contracter une odeur et une saveur franchement vineuses, et se transforme rapidement en koumys. Assez riche en alcool, rendue aigrelette par l'acide lactique, mousseuse parce qu'elle est saturée de gaz carbonique, la boisson obtenue de cette manière n'est pas mauvaise, à ce que l'on prétend. Il est même possible d'en extraire l'alcool par distillation. A défaut de lait de jument, on peut à la rigueur arriver à obtenir un liquide spiritueux avec du simple lait de vache : le képhyr des Caucasiens et une autre boisson anonyme qui se fabrique en Suisse dans le canton des Grisons n'ont pas d'autre origine, et doivent ressembler au koumys sous le rapport du goût.

Mais l'homme, presque toujours, a beaucoup moins d'intérêt à transformer ainsi les produits des vacheries qu'à chercher à leur conserver le plus longtemps possible les qualités hygiéniques qu'ils possèdent normalement à l'état frais. Le meilleur procédé assurément consiste à refroidir le lait : ainsi le docteur Adam, qui s'est

Antoine de Saporta

beaucoup occupé du lait et de ses caractères, a indiqué le plan d'un appareil fort simple destiné à fournir un liquide irréprochable aux malades de l'hôpital Beaujon, à Paris. On verse le lait dans une caisse métallique entourée de glace pilée, et de temps à autre on entretient l'homogénéité du lait au moyen d'un agitateur hélicoïdal mu par une manivelle extérieure. De cette manière, on entrave la montée de la crème, précaution nécessaire en ce sens que la séparation des globules gras s'opère d'autant mieux que la température est plus basse. Dans les grandes villes, les crémiers ou laitiers opèrent plus simplement : ils ajoutent au lait la glace à rafraîchir de façon à augmenter le volume de leur marchandise par celui de l'eau de fusion, propre ou sale, que fournit la glace en se liquéfiant.

Au lieu d'employer le froid, on peut avoir recours à la chaleur ; récemment bouilli et par cela même purgé d'air, le lait ne contient plus de germes et ne s'altère pas de quelque temps. Mais l'ébullition présente deux inconvénients ; d'abord le lait, même après refroidissement complet, s'écrème avec difficulté ; puis l'arôme du liquide s'évanouit. Nous voulons parler de ce parfum si délicat qu'on perçoit durant la traite et que les chimistes ont réussi à isoler en agitant le lait avec quelques gouttes de sulfure de carbone.

Au début de son ouvrage sur le lait, M. Duclaux indique un autre moyen de conservation permettant d'obtenir un produit rigoureusement exempt de microbes. Il va sans dire que le procédé en question, très précieux pour le chimiste ou le biologiste, ne saurait être d'aucun usage dans la pratique industrielle [15]. Une fois que les premières gouttes de lait ont nettoyé le pis de la vache, on interpose rapidement sous le filet blanchâtre qui jaillit du trayon l'extrémité ouverte d'un tube de verre fermé à l'autre bout. Ce tube doit être placé aussi près que possible du pis sans le toucher cependant. Un peu avant l'opération, le verre aura été chauffé pendant plusieurs heures à la température de 120 degrés, et jusqu'au dernier moment le tube doit être obstrué avec un tampon de coton stérilisé. Dès qu'il renferme assez de lait, on rebouche promptement.

Le liquide qu'on aura ainsi emprisonné se conserve en général sans altération intime. Toutefois son aspect extérieur se transforme insensiblement, les divers éléments du lait se séparant peu à peu. La crème surnage naturellement ; puis, au-dessous, la caséine s'amasse dans une couche transparente ; plus bas l'œil aperçoit une

Section III

troisième zone à peine translucide, au sein de laquelle flottent des particules muqueuses de caséum en suspension. A la base du tube enfin s'est rassemblé un dépôt blanchâtre et opaque de phosphate de chaux précipité.

S'il fallait ajouter foi aux prospectus des fabricants, il suffirait d'ajouter une certaine proportion d'eau tiède aux laits concentrés que l'on débite en boites scellées pour obtenir instantanément un liquide aussi épais que le lait naturel sortant du pis de la vache et pour le moins aussi bon que lui, sinon meilleur. En réalité, il s'en faut de beaucoup que la pâte semi-liquide préparée au moyen de la concentration du lait pur puisse ultérieurement suppléer à celui-ci. D'abord, par suite d'une circonstance aussi fâcheuse pour le public que profitable à l'industriel, il est positif que l'opération réussit infiniment mieux avec du lait écrémé qu'avec un liquide riche en beurre. Ensuite la durée de la conserve n'est pas toujours aussi longue qu'elle devrait l'être théoriquement. Ce qui prouve l'imperfection des différents procédés que les inventeurs ont mis en usage, pour conserver le lait, c'est précisément le grand nombre de ces inventeurs et la multiplicité des méthodes prônées par chacun d'eux. Le consommateur se trouve en présence d'un dilemme impossible à résoudre : ajoute-t-il au sirop concentré la proportion d'eau que recommande le fabricant dans son prospectus ? il obtient un lait très clair, moins nutritif que le plus médiocre lait écrémé des villes, et cependant déjà trop sucré. Ménage-t-il l'eau ? il réalise un liquide suffisamment crémeux, mais par trop douceureux. Effectivement, le lait soumis à la concentration est toujours, au préalable, mélangé d'une certaine dose de sucre de canne ; ce sucre, incorporé au résidu lacté, se dissout plus tard en même temps que lui. Quoique le sucre n'ait rien de malsain en lui-même, un lait sucré artificiellement convient beaucoup moins à un jeune estomac que la pure sécrétion des mamelles de la vache, parce qu'alors les éléments nutritifs sont exactement équilibrés entre eux sous l'influence de la nature elle-même. Ce serait donc une grave erreur de s'imaginer que dans les grandes villes où le lait vendu en détail est trop souvent falsifié, il soit avantageux d'avoir recours aux laits conservés pour nourrir les bébés [16]. Les farines lactées sont encore moins à recommander ; il faut à tout prix employer du lait pur et non autre chose. Mais il est clair que les conserves de lait, loin d'être à dédaigner, peuvent

Antoine de Saporta

rendre de grands services aux voyageurs, surtout pour les préparations culinaires exigeant la présence du sucre ou entremets.

Section IV

Comme, au bout d'un certain nombre d'heures, le lait abandonné à lui-même dans une cave suffisamment fraîche se sépare spontanément en deux couches superposées, inégalement aqueuses, inégalement riches en beurre, la nature elle-même semble favoriser une fraude trop simple consistant à recueillir et à utiliser la crème et à vendre le lait écrémé sous la mention de lait, garanti exempt d'eau et de matières étrangères. Une pareille manœuvre doit tomber sous l'application des lois. Le lait, après écrémage, a perdu ses meilleures qualités, passe à l'état de simple résidu et n'est plus bon qu'à faire des fromages. Dans certains pays, la législation est sévère au point qu'il est interdit de vendre, sous quelque prétexte que ce soit, du lait écrémé, même en le qualifiant de son vrai nom. On a pensé probablement, et on a eu raison, qu'au début de la vente la mention « écrémé » serait nettement exprimée, mais que dans la suite elle disparaîtrait de l'enseigne.

Au point de vue nutritif, le lait écrémé n'est pas sans valeur. Ni la caséine, ni l'albumine, ni le sucre ne lui font défaut ; mais la substance grasse a été en grande partie éliminée, si bien que la perte relative dépasse les deux tiers du chiffre primitif. Soumis à une évaporation ménagée, le lait écrémé dépose un résidu sensiblement moindre que celui du lait analysé après la traite.

L'écrémage, comme nous l'avons dit, augmente la densité du lait, et, loin de la rapprocher de celle de l'eau, tend plutôt à l'écarter de l'unité. En effet, la partie la plus légère du lait, c'est-à-dire le beurre, ayant disparu, l'influence de la caséine, matière assez lourde par elle-même, n'est plus contrariée comme auparavant, et le liquide pèse davantage.

La fraude n'est pas cependant difficile à reconnaître, même en l'absence d'un bon dégustateur. On peut se fonder sur la couleur : la nuance propre à la crème est si connue qu'elle a servi à désigner une teinte jaunâtre, fort à la mode, il y a quelque temps. Privé de sa crème, le lait présente un reflet bleuâtre. Vu l'absence de matières grasses, il est moins visqueux que le lait véritable. Le crémomètre, cela va sans dire, ne pourra fournir aucune indication avec un liquide appauvri. Mais de ce qu'il n'y a point de montée de crème, il ne s'ensuit pas forcément que le lait essayé ait été dépouillé de ses meilleurs principes ; on pourrait simplement avoir affaire à un lait naturel bouilli.

De l'écrémage au mouillage la transition est toute naturelle, d'autant plus que l'une des deux pratiques n'empêche pas l'autre. Baptisé trop souvent chez le fermier producteur, baptisé quelquefois par le « ramasseur » qui recueille et expédie à Paris les produits de plusieurs étables voisines, baptisé invariablement par le laitier ou crémier qui le vend en gros dans la ville, baptisé enfin par les marchands au détail, grâce à la « vache à queue de bronze » ou même grâce à l'eau des ruisseaux, le lait arrive à contenir jusqu'à 50 pour 100 d'eau ! Plus nombreux sont les intermédiaires, plus le liquide est aqueux ; il est facile dès lors de comprendre que le lait vendu pour quelques sous par les marchands ambulants a passé par beaucoup de mains et doit se trouver copieusement allongé. Néanmoins, même le petit laitier qui stationne sous une porte cochère est encore obligé de ménager ses modestes pratiques ; mais la cupidité humaine reprend tous ses droits si le marchand de lait abreuve une clientèle forcée dont les réclamations n'ont aucun effet. En d'autres termes, ce sont les adjudicataires de collège ou de pension qui fournissent le lait le plus mouillé. Il suffira, du reste, à ceux de nos lecteurs qui ont été élevés à Paris de faire appel à leurs anciens souvenirs de réfectoire ; ils ont dû remarquer autrefois la médiocrité de cet aliment, même dans les établissements où la nourriture n'était pas, en général, mauvaise. Il va sans dire que le lait pur n'est pas plus introuvable à Paris que dans les autres grandes villes ; il suffit de le bien payer en s'adressant directement aux exploitations agricoles qui l'expédient en boites scellées, ou même en s'adressant à une bonne crémerie. Mais le gros des consommateurs ne voulant ou ne pouvant pas acheter du lait à 0 fr. 70 le litre, consomme un liquide trempé et falsifié qu'il paie 0 fr. 30 à 0 fr. 40.

Le laitier en gros, installé dans son entrepôt de Paris, objectera bien, pour sa défense, qu'il n'est pas chimiste et ne peut, *a priori*, reconnaître si le lait qu'il reçoit de la province ou de la banlieue est

Antoine de Saporta

mouillé ou non. Le débitant répondra de même, avec un argument de plus à l'appui de son dire, qu'il l'accepte des mains d'un intermédiaire et non directement. Tous deux, néanmoins, encourent la responsabilité pleine et entière des fraudes commises au détriment du lait qu'ils se procurent, en vertu d'un principe bien connu : « Chacun doit être en état de juger de la qualité des denrées dont il lait le commerce [17], » soit par la dégustation, soit en tenant compte de l'aspect extérieur. D'ailleurs, les laboratoires municipaux, fondés dans toutes les villes de quelque importance, n'ont pas d'autre but que de permettre aux marchands, aux détaillants, aux consommateurs, de s'assurer de la bonne qualité des vivres qu'ils achètent dans l'intention de les revendre ou de les utiliser par eux-mêmes.

Souvent il n'est pas impossible au premier venu de constater directement un mouillage maladroit. Pour en faire sur-le-champ la démonstration, reprenons les deux petits appareils que nous avons déjà décrits : le lactodensimètre de Quévenne et le crémomètre de Chevallier.

Plongeons l'aréomètre dans un lait irais pur de tout mélange ; l'instrument, à la température de 15 degrés centigrades, marquera 30 degrés 1/2. Après avoir noté ce chiffre, versons le lait dans le crémomètre et attendons que la crème se soit rassemblée en formant une couche d'épaisseur connue. Enlevons celle-ci au moyen d'une cuiller, puis recourons de nouveau à notre pèse-lait ; *a priori*, le nouveau nombre que nous lirons sera supérieur à 30° 5. Effectivement, le lait, par la perte de la plus grande partie de son beurre, aura gagné en densité. Le point d'affleurement se fixera non à la division 30° 5, mais à la division 3â. Comme on le voit, la différence est assez sensible, chaque degré de l'instrument occupant sur la tige une longueur de plusieurs millimètres.

Attaquons-nous maintenant à des laits suspects. Le premier échantillon qu'on nous présente est assez dense. Versons-le dans l'éprouvette crémométrique ; malgré toutes les précautions que nous prendrons, il ne se rassemblera à la surface qu'assez peu de crème, 4 ou 5 pour 100 par exemple ; et même, cette couche une fois enlevée avec la cuiller, l'aréomètre nous donnera encore le même chiffre qu'auparavant, accru d'une ou deux unités au plus. Il est clair que ce lait a été, au préalable, dépouillé d'une bonne partie de sa crème ; en revanche, il est trop lourd pour avoir été baptisé.

Section IV

Le second échantillon n'a pas mauvaise mine ; cependant il marque seulement 27 degrés, ce qui est peu. Gardons-nous bien de le condamner, cependant, car nous pouvons nous assurer que sa légèreté spécifique tient à l'abondance de la crème. Otons de l'éprouvette la couche grasse surnageante ; la partie écrémée, notablement plus lourde que le lait primitif, ne diffère point de la moyenne ordinaire.

La densité du troisième échantillon est plus faible encore que celle du numéro 2 et se traduit par 25 degrés. Assez peu de crème : cependant plus qu'avec le lait numéro 1. Le lactodensimètre, après écrémage, accuse 28 degrés, chiffre notoirement insuffisant. Ce lait n'a pas été, il est vrai, écrémé au préalable, mais il a reçu de l'eau ; la faiblesse de sa densité ne pouvant s'expliquer par la présence d'une bonne dose de beurre. Dans l'exemple choisi, le mouillage est d'un cinquième environ.

Si l'on s'était contenté d'une simple pesée au lactodensimètre, sans étudier la montée de la crème, on aurait pu commettre des erreurs très graves. Un lait très crémeux, dont par cela même la densité se rapprocherait de celle de l'eau, semblerait mouillé à un novice qui verrait l'aréomètre s'enfoncer beaucoup trop. Inversement, prenez un bon lait frais de première qualité ; pesez-le d'abord pur, puis après soustraction de la meilleure partie de la crème. La densité primitive ne se retrouvera plus ; en un mot, le lait écrémé sera plus lourd qu'auparavant. Mais arrosez votre lait écrémé avec de l'eau en quantité suffisante, en bien agitant, et vous ne tarderez pas à lire sur l'échelle du lactodensimètre le chiffre observé en premier lieu. Ainsi un lait, à la fois écrémé et mouillé, peut très bien conserver une densité normale, pourvu que les deux opérations soient corrélatives l'une de l'autre ; et, de la sorte, un liquide largement travaillé par le fraudeur semblera de prime abord tout à fait naturel.

Dans de semblables conditions, plus l'écrémage a été exagéré, plus l'addition d'eau doit être copieuse. On s'apercevra bien vite de la fraude dans les cas extrêmes, et l'on n'aura pas besoin de crémomètre pour constater que le lait baptisé trop libéralement est clair, bleuâtre de teinte et qu'il présente un goût fade. Mais supposons que le fraudeur ait écrémé modérément et ensuite n'ait pas abusé de la cruche ou de l'arrosoir, la tromperie devient difficile à constater, malgré la dégustation, malgré l'épreuve au crémomètre. Elle

Antoine de Saporta

ne pourra être dévoilée qu'après une expertise chimique complète.

Le praticien devra encore se résigner à recourir à l'analyse quantitative lorsqu'on lui présente un lait de bonne apparence, d'une saveur agréable, mais qui semble écrémé, car il peut très bien arriver que les globules gras éprouvent de la difficulté à s'agglomérer.

En résumé, au moyen des deux simples appareils de Chevallier et de Quévenne, on peut acquérir des notions très utiles dans la plupart des circonstances, mais auxquelles on ne peut se fier complètement si l'on étudie des laits de nature exceptionnelle ou trop intelligemment fraudés.

Presque toujours la tâche de notre chimiste consiste à doser, avec autant de précision que possible, le beurre et l'extrait sec du lait qu'on lui présente. Il est clair, *a priori*, que le mouillage seul ne modifie en rien la composition centésimale de l'extrait, tout en diminuant le taux de matières sèches par litre proportionnellement à la quantité d'eau surajoutée. Les résultats de l'écrémage sont moins simples ; le lait ainsi traité dépose bien un résidu plus faible qu'avant l'opération, comme si on l'avait mouillé ; ce résidu ne manque ni de caséine ni de sucre ; mais, ainsi qu'on pouvait prévoir, il comporte très peu de matières grasses, puisque la majeure partie du beurre aura été éliminée avec la crème. Une pareille anomalie n'est même pas modifiée par un mouillage subséquent, lequel n'a d'autre effet que d'affaiblir encore le coefficient résiduel rapporté au litre.

Quant aux méthodes d'analyse employées, elles sont assez nombreuses, en ce qui concerne la recherche du beurre, relativement simples ; mais leur exposé ne présenterait aucun intérêt. Comme toujours, certains auteurs ont principalement recherché l'exactitude dans les résultats [18], d'autres ont préconisé des méthodes plus expéditives [19]. Au contraire, l'appréciation de l'extrait sec se fait toujours de même, nécessite un outillage spécial et exige absolument l'emploi d'une balance de précision.

Le coefficient relatif au beurre ou à l'extrait, une fois obtenu avec toute l'approximation désirable, quel usage doit faire le chimiste du nombre qu'il aura trouvé ? Quand sera-t-il en droit de conclure à la fraude, ce qui revient à réclamer formellement une condamnation du tribunal ? Il ne faut pas oublier que la composition du lait de vache, — pour ne parler que de celui-là, — est loin d'être fixe

« quantitativement, » principalement en ce qui regarde le beurre
et en ce qui concerne l'extrait. Un lait de composition anormale,
même pur, pourra donc risquer de paraître falsifié ; d'autre part,
un lait très riche, modérément écrémé ou mouillé, semblera loyal
et marchand.

Heureusement que les différences constatées ne sont considé-
rables que parce qu'elles sont individuelles. Les produits quoti-
diens d'une même étable, habitée par plusieurs vaches, varient sans
doute d'un jour à l'autre, mais bien moins que chacun des liquides,
si distincts entre eux, tirés des mamelles des différents individus.
Mêlez les traites de nombreuses vacheries voisines, et les variations
de composition diminuent encore. Réunissez enfin des laits provenant d'un grand nombre de bêtes dont aucune ne ressemble à
l'autre, au point de vue de l'âge, de la race, avec des conditions inégales de nourriture, de vêlage, de mode d'élevage, de stabulation ;
prélevez « l'échantillon moyen, » et celui-ci jouira de propriétés
presque immuables. Tel est précisément le cas du lait vendu dans
les villes, et surtout à Paris : les liquides expédiés de huit ou dix
départements se concentrent dans la capitale, se mêlent, et, heureusement pour le chimiste, finissent par former une sorte de lait
moyen ou normal sur la composition duquel on se base, au point
de vue pratique, pour décider si, dans un cas particulier donné, il
y a fraude ou non.

Sur l'avis du docteur Adam, la commission de l'Assistance publique, à Paris, a posé en principe qu'elle n'accepterait, comme laits
à employer sous forme de médicaments ou à distribuer aux enfants
et aux malades, que ceux réunissant les conditions suivantes :

Densité, 1032, soit 32 degrés, taux maximum. — Beurre, 42
grammes par litre, taux minimum. — Extrait sec, 135 grammes
par litre au minimum [20].

Par une décision du 27 août 1857, le conseil d'hygiène du départe-
ment de la Seine posa en principe que le lait marchand devait présenter la composition moyenne suivante : « Matières sèches, 130
grammes par kilogramme de lait [21] ; beurre, 40 grammes ; sucre, 50
grammes ; cendres, 6 grammes. » On voit que ces derniers chiffres
sont un peu plus faibles que les précédents ; ceux-ci, en effet,
concernent des liquides de choix fournis par adjudication ; les

Antoine de Saporta

autres, au contraire, s'appliquent aux laits ordinaires du commerce. Les hôpitaux n'acceptent jamais que les produits des fermes de la province et non le lait sorti des étables de la banlieue, dont les vaches, soumises à des conditions hygiéniques fort médiocres, consomment en outre une nourriture appropriée dont l'effet est de pousser à une production surabondante de lait très clair.

Nous pourrions citer encore d'autres nombres : ainsi on a eu la patience de relever, dans tous les mémoires consacrés au lait de vache, la moyenne des extraits secs obtenus avec des liquides de provenances authentiques, et toutes ces valeurs ont été combinées entre elles. Le « lait type » contiendrait en poids 4 pour 100 de beurre et 133 grammes d'extrait par kilogramme, chiffres presque identiques à ceux que l'Assistance publique a fixés, pour peu qu'on les ramène au litre [22].

Mais abandonnons la théorie pour la pratique : 900 échantillons lurent analysés à Paris pendant l'année 1884, la moyenne de l'extrait, tous calculs faits, ne dépassa pas 126 grammes 1/2 par kilogramme. Imaginons à présent qu'on réunisse ensemble et qu'on mélange ces 900 échantillons prélevés à Paris ; on aura, par cette opération idéale, obtenu en quelque sorte le lait moyen de Paris. Pour reproduire un liquide exactement pareil à celui dont la population de Paris, considérée en bloc, s'est nourrie en 1884, il suffirait de 95 parties de lait moyen théorique et d'y ajouter un peu plus de 5 parties de bonne eau claire. On s'étonnera sans doute de la petitesse de ce chiffre, mais l'explication est toute simple. Les échantillons bons ou même passables franchissant tous et de beaucoup la moyenne indiquée compensent presque l'influence des liquides mauvais ou médiocres mouillés non pas à 5, mais à 20 ou 30 pour 100.

Actuellement, ce même laboratoire municipal de Paris, qu'on attaque avec tant d'opiniâtreté, suit une règle plus large encore que toutes les précédentes. Le règlement admet bien comme exigible le taux de 13 pour 100 d'extrait, soit 133 grammes par litre environ, mais il pose en principe que, pour que la fraude, écrémage ou mouillage, soit constatée avec certitude, il faut que le résidu ne corresponde qu'à 118 grammes. Autrement dit, un lait est réputé bon s'il abandonne au moins 133 grammes d'extrait par litre. De 133 grammes à 118 grammes, il est simplement suspect ; mais l'expert, en l'absence d'autres preuves, renonce au droit de conclure positivement au mouillage. Enfin, un lait est réputé contenir de l'eau s'il ne fournit après évaporation que 118 grammes ou moins de 118 grammes de substances sèches.

En 1888, sur 4,743 échantillons déposés au laboratoire municipal de Paris ou prélevés par les inspecteurs de la ville, 645, c'est-à-dire 13 pour 100, étaient allongés d'eau plus que de raison, ou du moins écrémés. Sur les 4,098 autres, combien étaient irréprochables ? — Peut-être pas le quart, en réalité. Les mouilleurs ou écrémeurs ont bénéficié du doute.

Mais, en revanche, il ne faut pas s'imaginer qu'un fraudeur trop intelligent puisse impunément baptiser un lait pur, de qualité médiocre, de façon pourtant à ce qu'il marque encore 118 grammes d'extrait. Au laboratoire, on dose toujours le beurre et l'on exige 27 à 30 grammes de matières grasses par kilogramme de lait, ainsi que 45 grammes de sucre. La caséine, l'albumine, les cendres ne sont pas oubliées. Le falsificateur finit toujours par être démasqué d'une manière ou d'une autre.

Pour l'écrémage, une comparaison de chiffres bien simple fait ressortir la tromperie : on soupçonnera qu'un lait aura été écrémé lorsque le beurre constituera moins des 23 centièmes du poids de l'extrait sec ; si le taux observé n'atteint pas 21 pour 100, le chimiste n'a plus à hésiter. Cette règle est naturellement indépendante du mouillage.

Contrairement à ce qui se passe pour les vins, il est très rare que le marchand, en vue de faciliter la vente d'un lait par trop écrémé ou mouillé, d'aspect bleuâtre, de saveur fade et aqueuse, de consistance trop fluide, cherche à lui donner un aspect plus avantageux. Il n'est pas ordinaire, non plus, de voir un laitier chercher à relever l'extrait par l'introduction de substances étrangères [23]. On a beaucoup plaisanté sur le lait fabriqué avec la pulpe cérébrale broyée dans l'eau. Est-il besoin de due qu'une semblable fraude, que décèlerait immédiatement le plus simple examen microscopique, est si rare qu'elle ne se présente pas *une fois sur deux ou trois mille* ? Nous nous demandons même si ces prétendus laits n'ont pas quelquefois été préparés par des mystificateurs qui les auraient ensuite présentés aux chimistes.

Antoine de Saporta

Il ne nous reste plus, pour être complet, qu'à parler d'une variété spéciale de fraude assez pratiquée dans les grandes villes. Durant la période des chaleurs, le lait « tourne » facilement, par suite de la transformation de la lactose en acide lactique. Nous savons que, pour obvier à cet inconvénient, les laitiers ajoutent au liquide un peu de bicarbonate de soude ; du reste, ce sel est innocent de sa nature, ce qui fait qu'une semblable pratique n'entraîne par elle-même aucun inconvénient tant que la dose de bicarbonate sodique introduit ne dépasse pas un demi-gramme par litre.

Tous les *anas* possibles racontent l'histoire du pantalon trop long, successivement raccourci par trois domestiques zélées, opérant chacune à l'insu de l'autre et du propriétaire du vêtement, de telle sorte que celui-ci finit par être transformé en simple culotte. C'est justement l'inverse de ce qui a lieu pour le bicarbonate de soude. Comme les intermédiaires successifs par les mains duquel passe le lait se préoccupent fort peu de la constitution chimique du liquide, il peut arriver que chacun, de son côté, ajoute une dose nouvelle de sel préservateur, sans se douter que le lait en contient déjà, et l'on a vu des échantillons renfermer jusqu'à *huit grammes* (par litre) de bicarbonate sodique [24].

Un aliment ainsi manipulé n'empoisonne pas ; mais, en le chauffant, il s'en dégage aussitôt une odeur de lessive très peu agréable qui le rend impropre à la consommation. L'expertise chimique devient alors superflue. Mais avec une dose moindre de bicarbonate, bien que supérieure encore à la tolérance prescrite, l'emploi journalier d'un pareil lait présente à la longue des inconvénients. Dès lors, le praticien se basera sur le degré d'alcalinité du résidu incinéré, sur la vivacité plus ou moins grande du phénomène d'effervescence qui se produira en arrosant les cendres d'acide chlorhydrique [25] ; il constatera l'augmentation anormale du poids de ces mêmes cendres comparées avec celles d'un lait authentique ; néanmoins le problème reste très difficile à résoudre et les résultats ne conduiront pas toujours à des conclusions évidentes.

Les fraudeurs ont eu recours à l'emploi d'autres drogues antiseptiques : le borax, l'acide salicylique ; mais alors la falsification se manifeste aisément à l'aide de réactifs très sensibles. Nous n'avons pas à prendre part aux discussions qui ont eu tant d'écho il y a quelques mois ; encore moins nous reconnaissons-nous le droit de décider entre les partisans du laboratoire municipal et ses adversaires, ceux-ci ouvertement secondés par la foule immense des drogueurs et empoisonneurs qui acclament indistinctement les sophismes et les objections les mieux fondées, pourvu qu'on batte en brèche le grand gêneur. Que les premiers aient tort ; que les autres aient ou n'aient pas raison, peu importe ; dès qu'il s'agit de fraudes sur le lait, il faut rechercher sans cesse la tromperie, la dévoiler et la punir impitoyablement. Insistons sur l'exposé des circonstances aggravantes.

A la rigueur on peut, non sans doute se passer de vin, de bière ou de cidre, mais en user modérément, quitte à payer un peu plus cher ces boissons. On ne consomme pas une telle quantité d'huile ou de vinaigre, que la falsification de ces deux substances, tout en étant fort regrettable, puisse influer fâcheusement sur la santé publique. Au contraire, le lait est un aliment qui s'impose aux malades, qui est indispensable surtout aux enfants. Le ménage le moins fortuné, habitant n'importe quel quartier, doit pouvoir être assuré d'acheter à des prix modérés un lait absolument salubre, sans être tenu ni d'accepter l'aumône des hôpitaux, ni de recourir aux produits coûteux d'Arcy-en-Brie ou d'ailleurs.

Tout cela n'empêche nullement de perfectionner les méthodes analytiques ou d'organiser un laboratoire d'appel destiné à rectifier les décisions injustes ou erronées. Avouons-le bien haut, cependant, il faut avant tout sauvegarder la parfaite sécurité du commerce de détail de lait, dût-on, pour atteindre ce but, nuire aux intérêts de certains mouilleurs trop adroits, fallût-il encore surveiller étroitement ces étables où les vaches sont comme parquées et soumises à un odieux régime de surmenage. Le sort des pauvres enfants élevés au biberon et réduits à sucer un lait des plus médiocres doit, ce nous semble, inspirer plus de vraie pitié que le malheur du crémier, vexé de ne pouvoir parvenir à débiter comme lait l'eau presque pure des fontaines Wallace.

Notes

1.   On compte en moyenne 2,400,000 globules pur millimètre cube de lait. De pareils nombres pourront sembler fantai-

Antoine de Saporta

sistes : cependant, rien de plus simple que d'apprécier un chiffre aussi énorme. Il suffit, au moyen d'un compte-gouttes, de mêler une seule goutte de lait à cent gouttes d'eau distillée, de prélever une goutte de ce mélange cent fois plus pauvre en globules gras que le lait primitif, et de l'étudier avec un microscope dont l'oculaire quadrillé facilite le dénombrement des disques. Il est clair qu'il faut recommencer plusieurs fois et prendre des moyennes)

2. Les parties grasses se rassemblent d'autant mieux à la surface que la température du lait est elle-même plus basse. Dans quelques contrées du nord, on refroidit avec de la glace le lait à écrémer. C'est une excellente pratique : en effet, d'une part, la densité de la partie aqueuse du liquide, du « sérum, » s'accroît sensiblement, et, d'autre part, les globules de beurre, acquérant plus de consistance, éprouvent moins de difficulté à s'élever jusqu'aux tranches supérieures.

3. Si la température du lait n'est pas très voisine de 15 degrés centigrades, il faut avoir recours à des tables que les fabricants vendent avec l'aréomètre et calculer la valeur d'une petite correction, additive au-dessus de 15 degrés, soustractive au-dessous.

4. L'expérience a prouvé que l'aréomètre ne donnait pas des indications identiques avec deux produits d'égale densité : l'un pur, l'autre écrémé. C'est pour cela que les lactodensimètres portent deux échelles : l'une, accompagnée d'une bande bleue, s'applique aux laits écrémés dont elle rappelle la nuance bleuâtre, tandis que l'autre (celle de la bande jaune) convient aux laits purs.

5. Le lait de femme contient un peu plus d'extrait onctueux que le lait d'ânesse, mais il est bien moins gras que le lait de vache.

6. Butyrum et mel comedet, ut sciat reprobare malum et eligere bonum.

7. Voyez la Revue du 1er janvier.

8. Il y a plusieurs années de cela, nous demandâmes à un jeune ingénieur-chimiste, employé dans une vaste usine de beurre artificiel, s'il consentirait à faire usage pour sa consommation personnelle des matières dont il surveillait la fabrication. Il nous répliqua : « Quelle horreur ! Jamais de la vie ! »

9. Il est clair que les prétendus beurres destinés aux juges des concours avaient été préparés tout spécialement et certes pu-

Section IV

rifiés avec beaucoup plus de soin que les échantillons ordinaires du commerce. Peut-être aussi y avait-il eu fraude, fraude inverse de celle qui se produit d'habitude, et les sophistiqueurs à rebours avaient-ils dénaturé la margarine avec de l'excellent beurre. Enfin, il est bien permis de se demander s'il n'y a pas eu erreur volontaire.

10.   Voici les chiffres exacts : 256 milligrammes d'acide palmitique ou 283 milligrammes, soit d'acide stéarique, soit d'acide oléique, saturent 56 milligrammes de potasse caustique, c'est-à-dire produisent juste le même effet que 88 milligrammes seulement d'acide butyrique.

11.   Voyez la Revue du 1er janvier.

12.   Composition centésimale approximative de la caséine et de l'albumine : carbone, environ 53 pour 100 ; hydrogène, 7 pour 100 ; azote, 16 pour 100 ; oxygène, 23 pour 100 ; soufre, 1 pour 100.

13.   C'est-à-dire que la caséine soluble serait une sorte de caséinate de potasse ou de soude, renfermant très peu de base unie à une molécule extrêmement complexe. La solubilité de ce corps serait accrue par un excès d'alcali, au lieu que les acides s'emparant de la base précipiteraient la caséine sous sa forme insoluble.

14.   Peut-être ferions-nous mieux de dire « caséo-albumine. Il Mais ce terme étant bien long, nous aimons mieux confondre avec la majorité des chimistes la caséine et l'albumine, sous l'expression commune de caséine.

15.   Il convient cependant de faire observer que des tentatives récentes ont été faites en Suisse pour obtenir la conservation du lait en le préservant de l'action des microbes à l'intérieur de boites scellées, sans dénaturer aucunement le liquide frais. Ces produits auraient, dit-on, obtenu beaucoup de succès à l'Exposition de 1889.

16.   A Zug, en Suisse, où l'on prépare d'énormes provisions de conserves de lait, on ajoute 120 grammes de sucre par litre.

17.   M. Ch. Girard.

18.   On peut indiquer comme exemples le procédé suivi dans le laboratoire municipal de Paris et le procédé recommandé par le docteur Adam.

19.   Ainsi M. Marchand, de Fécamp, l'inventeur du lactobuty-

romètre, instrument très simple, permettant de titrer volumétriquement, sans pesée, le beurre, mais non l'extrait sec d'un lait donné.

20.   Le beurre constitue alors les 31 centièmes du poids de l'extrait.

21.   Soit, en pratique, 133 grammes par litre, le litre de lait pesant un peu plus d'un kilogramme.

22.   On trouve effectivement : beurre, 41 grammes par litre ; extrait, 136 grammes.

23.   Matières destinées à accroître la densité ou la consistance du lait : sucre, fécule, farine amidon, gommes, jaunes d'œufs, caramels, etc. Corps destinés à procurer au lait écrémé le reflet jaunâtre du lait pur : jus de réglisse, extrait de chicorée, etc. Toutes ces drogues sont trop aisées à découvrir par les procédés chimiques ; aussi bien leur emploi tend de plus en plus à disparaître.

24.   A la température d'ébullition, le sel de vichy passe à l'état de carbonate de soude (vulgo sel de soude) en perdant du gaz carbonique.

25.   L'acide chlorhydrique, réactif très puissant, chasse instantanément l'acide carbonique du carbonate de soude qui s'échappe sous forme de bulles. Si le phénomène est très peu accusé et qu'on soit on hiver, le chimiste a lieu de soupçonner un mouillage fait au moyen d'une eau calcaire dont la chaux s'ajoute à celle que renferme naturellement le lait. Le liquide naturel ne contient pas non plus de soude, mais cette dernière base n'est pas dosable directement.

Section IV

ISBN : 978-1543008906

www.ingramcontent.com/pod-product-compliance
Lightning Source LLC
Chambersburg PA
CBHW051824170526

45167CB00005B/2149